CHAPITRE 1

L'Appel Des Océans

Ce présent travail vise a effectuer la traduction complète de la tablette AruKu KurenGa
Exactement la traduction complète du niveau de traduction parlant des océans, appelé «sceau» ou «niveau de signification»

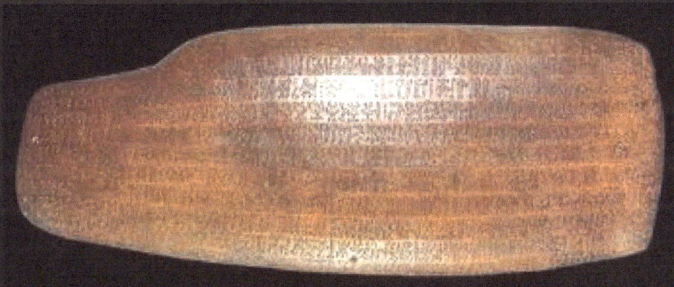

Comme nous en avons déjà traduit toute une face dans «le *visage des choses*» n°Un,

Il nous reste a reconstituer le lignes entières, comme elle sont écrites aussi sur la tranche, ainsi qu'a trouver le commencement du texte,

Comme ce qui n'a ni début ni fin commence aussi quelque part, comme la vie,

le premier travail est donc de reconstituer le lignes complètes

par ordre de lecture et les points de transitions....

Toute la difficulté est que nous ne travaillons pas a partir d'une tablette ou de la reconstitution d'une tablette,

mais simplement a partir d'images et de photographies, la «topographie» ou «géométrie» de la tablette est déterminante quand au sens de lecture.

Le travail effectué par Barthel et par Wikipedia nous aidera en tout point, nous aurons aussi l'aide de la «logique» qui,

quand elle permet même de retrouver ce qui est effacé,

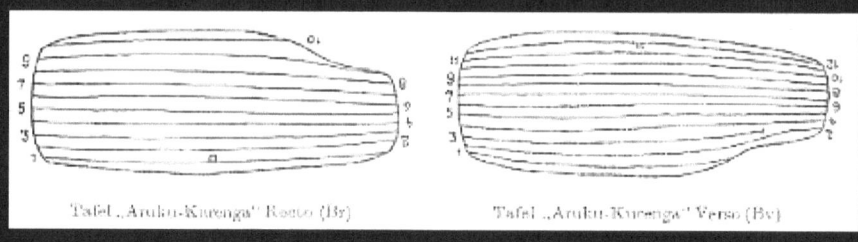

Tafel „Aruku-Kurenga" Recto (Br) Tafel „Aruku-Kurenga" Verso (Bv)

[rongorongo glyph lines]

Recto, as traced by Barthel. The lines have been rearranged to reflect English reading order: Br1 at top, Br10 at bottom.

[rongorongo glyph lines]

Verso, as traced by Barthel: Bv1 at top, Bv12 at bottom.

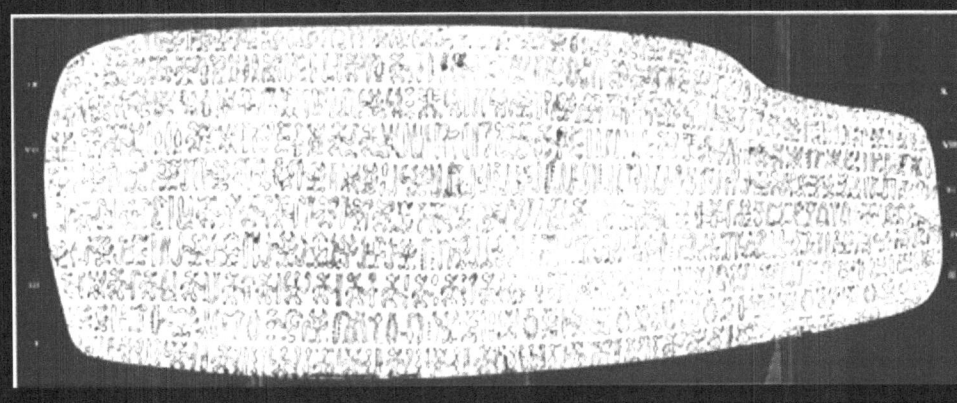

BV-6

BV-7

BR-6

Nous commençons le travail d'analyse scientifique

Premièrement, retranscrire les lignes telles qu'elle sont selon l'unité recto-verso,

On commence par les doubles lignes centrales, plus simple pour comprendre les règles utilisées par Barthez pour ses reconstitution horizontales.

Premier constat, une erreur, sur la première ligne l'hameçon venait de l'élévation non de la saisie, une erreur, mais la ligne semble concorder.

Deuxième constat, on établira le sens a partir du flux du caractère comme celui de l'eau il se penche selon le sens de lecture, et de la logique des transformations.

On vérifiera donc toujours a partir de l'image, quand aux erreurs ou imprécisions.

et l'on veillera à l'unité lexicale de la logique de transformation qui est très présente, on voit plusieurs termes «méduse» «esprit des vagues» «chemin»

«ressac», ce texte semble parler de l'océan.

il existe peut être un sceau sur la capacité d'élévation, cachée derrière un pécheur avec un hameçon, dont on a déjà entrevu un signe de la force de prolongation du bras, a moins que ce ne soit celui des vagues, ou les deux, dans la précédente analyse, nous nous attacherons au sens tel qu'il se présente, et non un sens recherchés.

Ce texte s'appelle «l'âme des océans»ou «l'appel des océans»

Si nous devions synthétiser sa portée descriptive.

Cependant «la langouste» est le seul signe suivi des deux ponctuations, il semble qu'il n'y ai pas «d'unité lexicale» de «règles» au delà de la simple sensibilité de l'intelligence que la saveur des mots se passe de titre, de la saveur de ce qui est en est décris, nous veillerons a analyser s'il y ai une syntaxe fixe par la comparaison des tablettes sur le long terme.

Nous nous limiterons, pour ce présent travail, de l'analyse stricte de cette tablette.

Que nous appellerons «l'âme des océans»ou «les exhortations des océans» ou «le chant des océans» ou «l'esprit des océans» ou «l'appel des océans»

Qui sont autant d'unité lexicale trouvées a proximité de «la langouste», peut être utilisaient t'ils, les deux....

« Les exhortation de l'esprit des vagues : La langouste »

Nous retiendrons cependant «l'âme des océans, L'appel des océans»

Premièrement nous continuons le travail d'analyse scientifique pour établir la ligne entière à partir de la reconstitution de Bartez, et souvenons nous en, nous veillerons à la concordance de son travail a partir des images

Deuxième constat, on part toujours de BR-6 et BV-6
parmi les deux lignes quasi-centrales.
Déjà elle concordent quand a l' unité recto-verso.
Maintenant on s' intéresse aux flux, ce que l' on remarque
Des signes simples au début gauche de BV-6, on part de là, on suit, le sens du flux d' après la
logique des transformation semble aller de gauche a droite, on suit, on calcule, apparem-
ment le flux continue sur BR-6, mais dans le sens inverse de l' ordre suivit par Bartez dans ses
dessins.
On vas donc effectuer la symétrie de l' image pour pouvoir traduire.
Deuxième note, il y a un signe sur la première ligne qui pourrait indiquer un sceau de lecture
des deux lignes quasi centrales.
On s' intéressera aux signes de logique de transition quand a l' ordre de lecture.
Nous évaluerons la possibilité de l' union des lignes centrales selon la logique du signe (Ronde
Réunion Des Deux Océans)(Bulles qui unissent les vagues)

Le fait qu' il vertical quand les lignes sont horizontales
Ne change rien a sa possible valeur quand aux logiques de
lecture
Les signes rongo rongo respecte le bas et le haut, la pesan-
teur et la position du désigné mais sont, en règle générale
quand aux signes logiques, plutôt verticale.
Aussi c' est pour la concision d' écriture et de lecture que
les signes sont présentés ainsi, si celui qui écrit l' aurais présenté sur une feuille, il l' aurait présenté ainsi, quand a
l' horizontal du plan et des océans
                    Au delà de ça il peut dire aussi double réunion,
                    ou réunion du parallélisme
                    ou «symétrie» ou «sceau»
                    ou «sceau de la symétrie»
                    et, dans le champs lexical de la beauté
                    Bulles qui réunissent les vagues.
                    Ou ronde reunion des vagues
                    Il est aussi possible qu' il part de l' ocean d' en
                    haut (l' air)
                    Et de l' océan d' en bas (la mer)

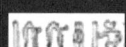

Certaines fois les vagues sont dessinées tel quel.
Quand on observe ce qui précède le signe,
une réitération sémantique, signe de poésie, de chant,
(il ne faut pas négliger la portée «logique» pour la poésie...)
: mais qui s' accorde avec la réitération des vagues.

Bulles qui descendent le long de sa robe
Bulles qui descendent le long de sa robe
Bulles à la réunion des vagues
De son maintien

Il se peut que sa valeur sémantique se limite simplement
à son apport de sens dans ces magnifique phrases.
Qu' il n' y ai pas tant de
«niveaux de signification»
Le passage sur la symétrie nous apporte aussi
qu' il s' agit de physique quantique, de connaissance pure,
des «lois» de la réalité et de la poésie réunies.
Ne négligeons pas la physique quantique pour la poésie....
Les lois de l' océan....
AuDelà de çà la force des images,
leur nombre nous apportent aussi qu' au delà de la physique quantique,
c' est le poète qui fut engagé pour décrire l' immense étendue de
la réalité et de ses lois et ici, les océans...

CHAPITRE 2

De la force verticale de l'eau

et de son affront et de sa rupture,

de ses chemins qui s'élèvent

dans son corps qui affronte,

Dont la courbure retombe,

en bulles qui se séparent.

De ce corps qui plonge dans sa courbure

De ce corps qui plonge et qui amène,

Une trainée de bulles sur la vague,

Le long du plongeon de ses hauteurs,

Bulles, sceau de la réunion

des deux océans.

Symétrie du corps de la méduse,

Dont le corps plonge

Aux rayons du soleil.

Au sein du chemin des vagues

Symétrie de l'affront

de la courbure du vol de l'oiseau,

Dans les élévations de ses courbures,

Dans lesquelles frayent les poissons.

Double symétrie de ce corps grossissant,

Fruits de l'arbre des océans,

Dont la courbure sur les hauteurs

Plonge en bulles qui se scindent,

Le long de la courbure du bec

De l'oiseau du chemin des vagues

Corps de réunion de ses éclats,

Tenue de sa plongée,

Force des Chemins de son élévation,

Tenue de sa plongée.

Bulles sur sa robe,

Eclats sur ses hauteurs.

Bulles sur sa robe,

Eclats sur ses hauteurs.

Qui se scindent.

Tenue du Corps de Division,

Tenue du Corps de Scintillement,

Corps qui porte son Eclat,

Dont Le Corps Cours et se Présente,

Dont le Corps Cours et se Présente,

D'un Affront Vertical,

Majestueux

Et retombe en son corps

Visage du corps courant de l'eau,
Tenue de deux courbures
Celle qui se dresse
Celle qui se resorbe
Tenue Du Courbe Qui Replonge
en Mouvements De Vagues sur La
Plage
Qui ruisselle et se résorbe sur la plage
Vagues,
Corps du chemin de la Lumière,
L'Envol

Nous arrêtons notre lecture ici,
D'un coup l'unité sémantique ne se tient plus et se
présente un oiseau «l'envol», les signes, logiques ou
sémantiques qui l'entoure semblent attester de la
ponctuation et du sens de lecture.
Nous allons tenter trouver le commencement et la
fin de la ligne, ainsi que l'unité du champ lexical.
Pour traduire correctement.
Nous allons devoir faire un travail graphique pour
retranscrire le début, le tour et la fin, selon le flux
de lecture, et le représenter graphiquement de gauche a droite

La tablette se tient sur le genou gauche, des signes distinctifs de ponctuation,
Nobles, «l'envol de l'oiseau», «la majesté»,
Par ou donc commence la tablette?
Nous éluderons ce point plus tard,

On tente une représentation à partir de l'oiseau, on part selon l'orientation du bec de la position et des deux signes qui l'entoure «Majesté»«Envol»«Port»«Vol De L'oiseau»

On passe de BR-6 Droite a BV-6 droite cette fois ci de droite a gauche
Voici l'image permutée donc de gauche a droite, double barre de ponctuation de transition

On Continue, cette fois ci BR-6 normal de gauche a droite,
Jusqu'au signe de transition, on monte signe de ponctuation de transition
pareil a celui de BV-6 a BR-6 «gauche»

Le signe final de transition semble débarquer dans une unité sémantique sauf un détail, il s'agit d'un oiseau avec une cane, mais cette fois si, qui tient la vague, par ou continuer le flux, dans quel sens de la vague, (le bec de l'oiseau) on continue dans le sens du bec de l'oiseau, mince, c'était pas un oiseau, par contre deux pas plus loin, l'oiseau, cette fois ci en plein vol

Içi la logique graphique, du signe de transition

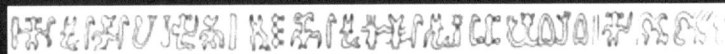

On continue sur BV-7, on permute

On termine BR-5, debut

Cet essai sur la logique de transition des lignes ne donne rien, il semble que
l'unité des champs sémantiques des lignes se passent de début ou de fin.
Nous allons nous atteler a traduire les lignes une a une, de trouver le début
et la fin a partir de la traduction complète,
ainsi pour la ligne, ainsi pour la totalité des lignes
C'est la méthode que nous allons utiliser,
De partir du champ sémantique et non du champ graphique,
Nous chercherons aussi les ponctuations
Elles semblent exister dans la logique des dessins
Se lisent t'elle de gauche a droite en commençant par le haut gauche,
le fait qu'elles sont écrites sur aussi sur le coté, donne a penser,

Si l'on suit la l'unité recto-verso, on ne tombe pas forcement,
sur une cohérence «pleine», par contre, c'est cohérent.
Si on les prend tous d'une face, on ne tombe pas non plus
sur une cohérence «pleine»ou «totale», mais c'est aussi cohérent.
Cela se tient.
Cela donne a penser que, quelque soit l'ordre de lecture utilisé,
Cela se tient, est cohérent, lisible, beau....mystère......
Leur usure ou «leur forme» donne a penser qu'il fallait les retourner
souvent notamment aussi sans les tourner «recto-verso»
les lignes, sont alternées selon le sens vertical,
Quelle est donc le sens du passage de ligne a ligne?
Nous allons nous ateler a la méthode de trouver le sens de lecture
à travers la traduction complète des lignes,
à partir du champ sémantique.

On vas chercher une lecture linéaire au texte, ligne pour ligne,

On s'intéresse a la tablette, au graphisme

Sur la tranche de BR au début, un soleil,

On s'intéresse a une précédente réflexion sur les deux dernière lignes de BR

Qui est ce qui viens en premier, le soleil, ou le rayon de soleil.

Réponse, le soleil, il s'annonce toujours dans la masse de l'ombre

avant de montrer un rayon, que même l'oeil voit.

On vas donc essayer de retranscrire,

premièrement la tranche, BR 10

ensuite même orientation horizontale BR9

si l'on suit l'orientation BR7-BR5-BR3-BR1

ensuite on retourne la planche, BV12, on remonte, BV10-BV8-BV6-BV4

BV2, on retourne sur la tranche.

Selon les mots du texte, il semble qu'il décrit une double force de l'océan,

celle de sa résorption celle de son élévation.

descendre et remonter est peut être logique.

peut être faut il le faire, sur les deux faces.

pour le moment on a voulu suivre, l'orientation de la tranche.

et commencer, par le soleil, c'est l'ordre de lecture que nous allons suivre

pour trouver l'ordre a partir du champ sémantique.

Suite prochain chapitre.

Nous nous attèlerons a traduire l'unité recto verso

en veillant a l'ordre des unités lexicales partir de la photo,

et a suivre l'ordre précité.

Les Lumières De L'Eclat
Des Lignes Des Deux Rouleaux

CHAPITRE 3

La Majesté.

Les éclats de lumière,

des deux mouvements,

de l'esprit des vagues qui se bri-
sent

de l'esprit des vagues qui se résorbent

de l'esprit des vagues qui s'envolent se dressent et volent,

et retombent sur les poissons,

mouvements qui court

et montre ses brisures

Au têtes d'éclats qui se dressent

Au corps qui affronte, vertical,

et qui retombe, vertical, en sa
chute.

L'envol, celui qui part de dessous,

qui élève et porte le corps,

Qui se courbe, des plages ou elles

viennent se briser et se résorber,

dans ses mouvements qui s'écoulent

ou fraye le poisson

de ses bulles qui explosent,

le long de ses courbes,

des chemins que montrent les vagues

de l'envol et du plongeon du poisson

Corps des éclats des vagues

des eaux aux bulles qui se scindent

et se prolonge en mouvements

de vagues qui se scindent.

Le texte a l'air de partir de la droite, selon l'unité de sens,
nous allons essayer, une inversion

Apparemment non, les signes sont penchés, et le bec de l'oiseau est dans le sens de la lecture précédente, la logique de transformation aussi.
on affine, on reprend l'ordre précédent.
et puis ça commence par la lumière, et ça finit sur la plage, normalement, dans la vie.

La lumière de l'éclat
des lignes des rouleaux de vagues

de l'esprit des vagues qui se divisent
de l'esprit des vagues qui se résorbent
de l'esprit des vagues qui s'envolent
se dressent ,
et retombent sur les poissons,

mouvements qui court
et montre ses divisions
aux mouvement d'éclats
qui se dressent
au corps qui affronte, vertical,
et qui retombe, vertical,
en sa chute.

L'envol,

celui qui part de dessous,
qui élève et porte le corps,
Qui se courbe,
des plages ou elles viennent
se briser
et se résorber,

dans ses mouvements qui s'écoulent
ou fraye le poisson
de ses vagues qui se résorbent
en bulles qui explosent

des chemins que montrent les vagues
de l'envol et du plongeon du poisson

Corps aux éclats qui tiennent les vagues
des eaux aux bulles qui se scindent
et se prolonge en mouvements
de chemins de vagues sur la plage.

(Le texte se tient selon l'unité de sens, on continue)

CHAPITRE 4

Les Rayons De Lumière De L'âme Des Océans

Deuxième ligne après la tranche, le dernier signe de la tranche semble attester d'un sens de lecture complexe, nous commençons avec les deux lignes simplement agencé, recto verso (BV2 et BR9)

Tout d'abord on continue avec l'éclat du soleil, car après que le soleil se montre dans la l'ombre des des nuages, parvient son éclat, son rayon.

Il en est ainsi de la structure quantique de la lumière, d'abord l'ombre s'efface devant quelque chose qui grossit, ensuite parvient un flux d'un sens qui équivaut à «pureté» ou «force» ou «existence» ou «existe, soit» ou «puissance», son rayon. intraduisible en langage humain.... Revenons a notre tablette.

Les éclats de la lumière
de l'âme des océans

Aux rencontres des ondes,
dont le corps grossit
Qui élève ses chemins,
sous le rocher du crabe
et du poisson
qui se dresse, un et courbé
aux vagues qui ruiselles
se tordent, éclatent et retombe
de cette force qui ramène
des colonies de bulles
sur ses vagues
de cette force qui attire,
se tord chargées de bulles,
et revient,
de la force de torsion et d'éclats,
de vagues qui se repetent se tordent
et éclatent,
de ses chemins qui se tordent,
de ses chemins qui attirent et
amène,
l'escargot de mer

Double courbure dont la force,
voyage sur les hauteurs,
éclate et rejoint
les vagues qui se répètent
De ce corps qui soulève, monte et éclate
De ce corps qui soulève, monte et éclate
Dans les vagues qui se répètent
aux chemins de rencontre
et de rupture
aux fruits de ce corps qui plonge,
et rejoint, vertical,
la courbure de son éclat et de sa jonction
Chemins des pieds des vagues,
Dont le corps rejoint les vagues
Eclats de vagues qui retombe,
Vague sur vagues,
Réunions de vagues,
De ce corps qui soulève,
Courbe et Un,
Courbe aux bulles qui se scindent
Courbe qui rejoint,
Double courbure dont les bulles parent
La surface,
Et rejoigne ses grosseurs,
De ce corps dont le trajet
monte et retombe

Mouvement de l'époux

Et de l'épouse

Du couple des eaux

Qui attire ses courbures

Qui attire son corps éclatant

Qui attire ses bulles

Qui rejoignent ses courbures

Qui élève sa vague qui traine

Double courbure

Du poisson

Corps de son éclat

Qui plonge et disparait

Fière tenue de ses courbures

Qui affrontent,

Unité de ses éclats

et de ses mouvements d'élévations

De ses bulles qui rejoignent

Ses chemins qui s'écoulent

Double courbure

Des éclats verticaux,

De son élévation.

CHAPITRE 5

L'envol De L'esprit Des Eaux

Nous continuons la lecture, par rapport à la première ligne, nous n'avions pas trouvé de deuxième ligne dans le sens de lecture, nous continuons donc dans le même sens que la deuxième, en sautant donc une ligne, cela donne BV4-BR7

Le dernier signe de la ligne de tranche, indiquait un embranchement, hors la troisième et quatrième ligne contient un embranchement des deux lignes, cela nous servira, plus tard, pour la logique de transition entre les lignes, sans visibilité ni topographie de la tablette, nous nous attèlerons, dans ce présent travail de traduire, linéairement les deux lignes recto verso, il semble pour le sens de lecture, qu'ils retournaient, la tablette au moins horizontalement pour le recto verso, retournais t'il verticalement a chaque passage de ligne ou seulement a la fin, avec une descente et une remontée? nous tablons, dans cette première traduction, qu'ils

les retournais a la fin avec une descente et une remontée plutôt qu'à la fin de chaque ligne,

comme semble l'indiquer «les deux rouleaux», tout un travail (d'équipe) reste à faire pour corriger les erreurs et trouver les transitions, je m'occupe, tant que je peut, d'une traduction «linéaire».

commençons donc ces deux lignes

par un signe distinct «le homard»

Le homard et L'oiseau

De ce corps qui tient les deux
courbures,
Du fil et du poisson
Du fil et du poisson,
De la course des éclats,
Du soleil,
Qui plonge et attire,
Les trainées de bulles,
De bulles sur sa robe,
D'éclats sur ses hauteurs,
Du coeur du soleil,
Dont la course des éclats,
La course du soleil,
Rejoint,
Les vagues sur la plage
Lignes qui qui rejoignent le sa-
ble
aux roulis entre les vagues
Corps qui attire l'unité et l'éclat
Corps qui porte, les poissons et
les vagues
aux lignes qui se divise, sur le sa-
ble,

vagues, vagues, aux courbures de poissons
qui s'écoulent à nos pieds,
Esprit mouvement, courbé, aux éclats ver-
ticaux
Esprit du mouvement du soleil,
Aux surfaces couverte de bulles,
Lumière qui attire,
Les vagues dont l'unité brisée, verticale,
attire le plongeon du soleil
Qui s'élève et replonge,
Aux éclats verticaux
Tête aux éclats qui s'élève
Aux éclats qui s'élèvent
Aux éclats qui s'élèvent
De l'unité brisée,
Qui se courbent et s'élèvent
Couvertes de bulles,
Qui se courbent et s'élèvent,
Couverte de bulles,
Qui se courbent et replongent,
Couvertes de bulles,
Qui se scindent,
Corps courbé de bulles qui ruisellent,
Qui se dressent,
attirent la courbe des vagues,
Qui se jettent, s'envollent,
Aux mouvement spherique de la tenue de
son envol, courbe des vagues

Qui tient les bulles et les vagues

Esprit d'élévation

De la jonction du courbe et du droit

De la jonction du courbe et de ses hauteurs

De la jonction du courbe et de l'éclats des hauteurs

Rectiligne,

De la tenue du fil de l'eau

aux contours qui s'enmellent

Couverts de bulles

jonction de l'esprit et du poisson

Esprit de l'eau

Tenue de la dissolution

Ou plonge l'esprit de l'eau

Au corps qui jaillit, vole et replonge

Qui se courbe et plonge,

Mouvement des vagues qui se dressent et replongent

Jonction de la trainée de vagues

Aux corps qui se jettent

S'élèvent, éclatent et plongent

CHAPITRE 6

La Symetrie De La Lumière

BV4-BR7

3eme ligne, nous corrigeons içi le premier jet de traduction pour obtenir l'unité sémantique

Première analyse,

ces lignes diffèrent quand à leur sujet,

aucun passage sur le soleil en bas, une variété différente,

nous voulions ajouter «ecume»

resoudre la problématique de la torsion qui plonge que nous avions appelé torsion ou plongeon, qui pourrit être éclat qui se tord et replonge.

d'autres signes n'ont pas été résolus, d'autres oui, nous allons donc faire le içi le travail de correction afin d'obtenir l'unité sémantique
la «cohésion» ou «cohérence»

Le homard et L'oiseau

De ce corps qui tient les deux
courbures,
Du fil et du poisson
Du fil et du poisson,
De la course des éclats,
Du soleil,
Qui plonge et attire,
Les trainées de bulles,
De bulles sur sa robe,
D'éclats sur ses hauteurs,
Du coeur du soleil,
Dont la course des éclats,
La course du soleil,
Rejoint,
Les vagues sur la plage
Lignes qui qui rejoignent le sa-
ble
aux roulis entre les vagues
Corps qui attire l'unité et l'éclat
Corps qui porte, les poissons et
les vagues
aux lignes qui se divise, sur le sa-
ble,

vagues, vagues, aux courbures de poissons
qui s'écoulent à nos pieds,
Esprit mouvement, courbé, aux éclats ver-
ticaux
Esprit du mouvement du soleil,
Aux surfaces couverte de bulles,
Lumière qui attire,
Les vagues dont l'unité brisée, verticale,
attire le plongeon du soleil
Qui s'élève et replonge,
Aux éclats verticaux
Tête aux éclats qui s'élève
Aux éclats qui s'élèvent
Aux éclats qui s'élèvent
De l'unité brisée,
Qui se courbent et s'élèvent
Couvertes de bulles,
Qui se courbent et s'élèvent,
Couverte de bulles,
Qui se courbent et replongent,
Couvertes de bulles,
Qui se scindent,
Corps courbé de bulles qui ruisellent,
Qui se dressent,
attirent la courbe des vagues,
Qui se jettent, s'envollent,
Aux mouvement spherique de la tenue de
son envol, courbe des vagues

Qui tient les bulles et les vagues

Esprit d'élévation

De la jonction du courbe et du droit

De la jonction du courbe et de ses hauteurs

De la jonction du courbe et de l'éclats des hauteurs

Rectiligne,

De la tenue du fil de l'eau

aux contours qui s'enmellent

Couverts de bulles

jonction de l'esprit et du poisson

Esprit de l'eau

Tenue de la dissolution

Ou plonge l'esprit de l'eau

Au corps qui jaillit, vole et replonge

Qui se courbe et plonge,

Mouvement des vagues qui se dressent et replongent

Jonction de la trainée de vagues

Aux corps qui se jettent

S'élèvent, éclatent et plongent

Des Hauteurs de L'Un.
(de sa rupture et de sa réunion dans ses chemins, corps d'élévation
aux ruptures qui s'étirent)

On a déjà parcouru quelques unes de ces lignes, l'eau,
une, qui se dresse, éclate sur ses auteurs et se divise dans
sa retombée, ce mouvement de tenue d'élévation des
perles du vol et de la séparation des l'eau des vagues qui
plonge (pour les 8 premier signes), on y vas.

De l'unité, de la division et de la
chute,

de la séparation et du mouvement, du
maintien de l'élévation de l'éclat, de
la jonction de l'étirement et de la rupture des vagues dont la crête plonge

vagues dont la force plonge,

une, de bulles qui courent après sa
rupture, des bulles qui remontent et
couvre sa surface

Ronde Union des vagues
Tenue de son unité
jonction de ses éclats

la méduse
au corps qui plonge
avec la course du soleil
Corps frère de l'oiseau,
Oiseau qui attrape dans sa course

Le poisson,
Symetrie du corps un des fruits de
l'arbre de mer
Courbe dont les bulles courent sur sa
plongée

Qui se scindent en plongeant
mouvement de ce corps qui s'élève
rupte et plonge,
bulles sur sa robe, éclats sur ses hauteurs
bulles sur sa robe, éclats sur ses hauteurs
Tenue de leur scintillement
Tenue de l'éclat de leur scintillement
Force de l'éclat,
Vague qui cours et qui se brise,
Vague qui cours et qui se brise,

Qui s'envolle,
Corps qui se dresse en éclat

Se sépare en gerbe qui volent en éclat

dont la force se dresse déchire son unité

Et Tient les deux courbures de l'un

au chemins qui se montrent

Aux éclats des hauteurs aux mouvements de force

de tenue, tenue du poisson qui replonge

tenue du poisson qui replonge

De ce corps qui vole, dresse sa tête au dessus de l'eau

aux courbe qui plonge,

eclats des deux mouvement,

a la courbe qui court

Qui se jette

a la courbe qui court

qui se courbe et se redresse en éclat

grosse sur ses réunions

au chemins qui se jettent et vole en éclats

au corps qui se dresse, un.

réunions des chemins, des écumes

Le vol d'oiseau de la vague

Reunion des chemins du poissons

La vague qui s'envole et plonge,

C'est la vague et le poisson qui plonge

Reunion du chemin supérieur et du chemin médian

De La perle de la vague Aux Force Eclats

de la force de l'éclats et des deux courbures de la force

Le corps courbe, un, aux mouvements qui se dressent

s'étire et puis retombe

S'étire et puis retombe

(début) un, qui se dresse sur ses hauteurs rupte et vole en

éclat   Et se rassemble

A La Recherche Du Sens De Lecture

on descend dans le même sens de lecture BV8 et..
on a un problème il y a 12 lignes sur une face et 10 sur l'autre.
la topologie de la tablette serait précieuse

Quand on regarde les dessins il y a 6 signes sur le coté le moins long pour 4
sur l'autre.peut être partais t'il du premier puis de l'autre coté, puis du second.
ou parcourais t'il la plaque sur une
même face soit en sautant une ligne
soit en retournant.
voici trois lignes en sautant une ligne

Voici ce qu'on obtient de BR en sautant une ligne

Voici ce qu'on obtient en retournant la tablette ligne après ligne

Voici la tablette

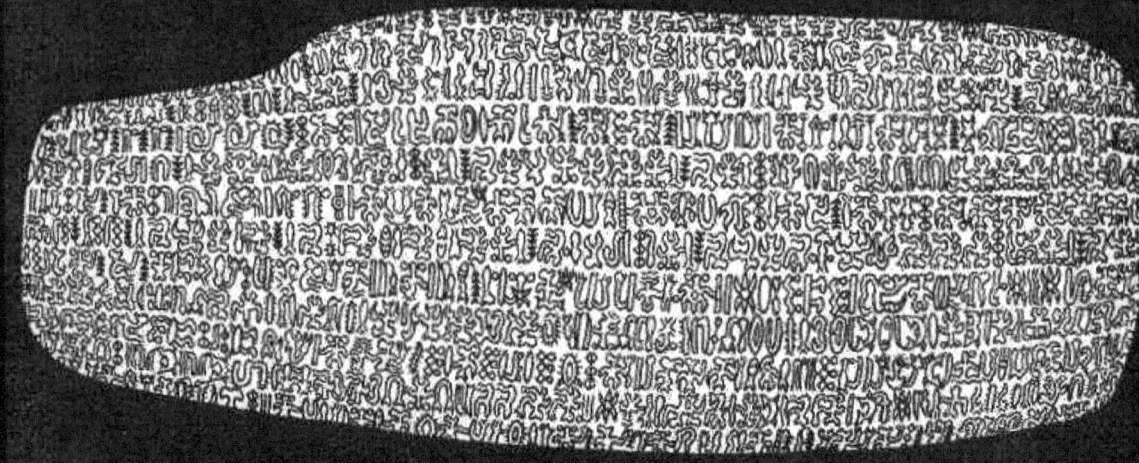

Nous allons regrouper les lignes de la tablette dans une lecture recto verso
et tenter un sens de lecture multiface et multisens, en cherchant le sens a partir

Nous allons travailler sur les 3 dernières lignes de BR et les 5 premières de BV

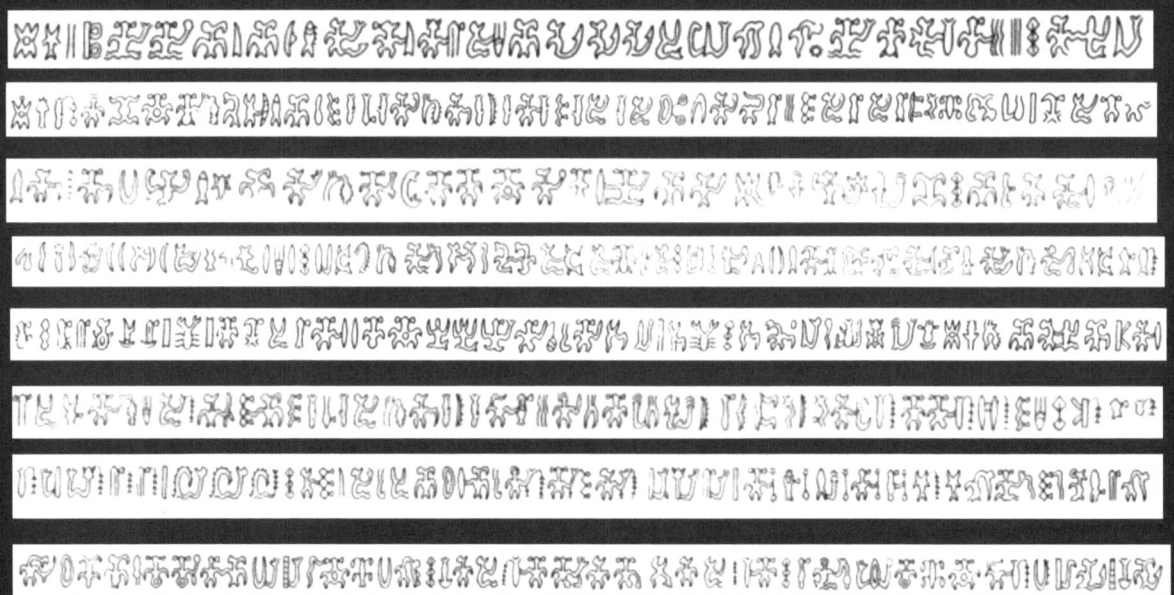

Par rapport a l'unité sémantique, on a une unité sémantique cohérente sur BR de haut en bas.

si l'on considère une planche et un seul sens de lecture il y a 2 façons de lire 2 faces.

si l'on considère une planche et un sens de lecture qui retourne la planche, il y a 1 façon de lire 2 faces.

La lecture recto verso n'a rien donné en raison du nombre de tranche différent.

Nous allons tenter une lecture de BR en retournant a chaque ligne c'est a dire l'inverse de l'ordre de Barthez. Face après Face.

L'unité sémantique de BR semble cohérer.

nous avons reconstitués précédemment une lecture recto-verso alternée, il est fort probable la lecture finale de la plaquette soit de ce genre.

BR en sautant les lignes retournant et remontant

L'unité sémantique se tient,
signe terminal, jonction cohérente ou évoquée
suivit du flux et idéographie globale
comme l'unité sémantique se tient,
nous allons tenter une traduction française,
tout BR, suite prochain chapitre

Le Sens Correct

Nous avons trouvé le sens de lecture correct, ainsi que les titres, c'est à dire le début des phrases

Il nous manque de travailler a partir d'une tablette réelle car nous avons les photos de la tranche, nous tenterons d'obtenir ces renseignements autrement, cependant nous avons trouvé, par analyse, le sens de lecture normal.

Simple, on commence par la ligne supérieur, on descend selon le sens haut bas en sautant les lignes a l'envers et en retournant recto verso une fois parcouru la face on retourne verticalement et on recommence, tout est parcouru, simple a retenir, et représenté dans l'idéographie, on postule qu'il y ait une unité recto-verso, l'analyse de la photo de la tranche répondra a cette difficulté.

Deuxièmement, les titres, ils sont habituellement représenté comme on l'a présenti, par un signe entouré de deux signes similaires, c'est en réalité le début et la fin des lignes ainsi que le titre, sauf pour certaines ligne comme la première qui donne en quatre signes le titre cette fois çi de la tablette. «l'ossature déformée de la lumière des lignes des rouleaux de vagues»

«la lumière de l'architecture déformée de la symétrie et du parallélisme des lignes des rouleaux des vagues» «la lumière des lignes des deux rouleaux»

«les rayons de lumières de l'âme des océans»

Nous avons appellé quelqu'un qui connait la topographie des tablette, selon lui il n'y a pas de continuation sur les tranches, donc pas d'unité recto verso, information a valider car je trouve cette tablette spécialement arrondie a coté des autres, de plus depuis les «photos» on ne voit pas les signes de haut et de bas voir de coté, car ils partent sur la tranche.

Quand aux titres, par rapports aux caractères ont peu noter qu'ils ont aussi, une autre largeur, nous continuons notre enquête auprès des musés aujourd'hui.

dans le cas ou il y ai une distance supérieure a un caractère sur la tranche, nous retiendrons que le retournement a plat en descente et remontée, comme l'indique la forme des rouleaux des quatre caractères du titre de la tablette.

si je vous livre aussi toute mes méthodes, c'est que si je n'ai pas le temps ou l'occasion de tout traduire, il est important de tout traduire.

ce sont des sortes d'écritures idéographiques c'est a dire que le désigné est représenté visuellement et non selon les lettres d'un langage verbal, c'est tout ce qu'il y a a savoir pour traduire le maya le rongo rongo le linéaire A phaistos, le chinois etc....

Les premières formes d'écritures à ce sujet, donc ce que je fait est simple, même un enfant y arriverait. il y vas de notre sensibilité.

autre chose a savoir le flux selon l'inclinaison des signes, la vérification et l'ordre selon la logique sémantique, la cohésion du texte, avec ça vous êtes bons pour tout traduire.

Nous commençons par cette tablette, d'abord on vérifie la nullité de la continuité recto verso, si l'on regarde avec attention aussi les signes sont de deux familles différentes sur une face ou l'autre, mais bon dans le langage ce pourrait aussi bien être les premières et seconde partie des phrases, cependant on vas tenter de réaliser la traduction exacte, c'est pourquoi nous prenons toutes ces précautions au lieu de traduire, en brut et rapidement les 4824 signes distincts, qui ne sont traduisible d'ailleurs malgré leur différences, qu'au sein de leurs phrases, (il n'existe pas de sujet hors de son environnement, sinon Dieu)

Car dans cette écriture la logique de transformation est importante et nous ne somme pas dans du verbal, hors dans le visuel impossible de voir un sujet hors de son univers

CHAPITRE 10

La lumière de l'ossature des lignes des rouleaux de vagues

esprit des vagues qui se divisent

esprit des vagues qui se réunissent

Qui se dresse, s'envolent et retombent

sur les poissons

mouvement qui courent et se divisent

Maintien qui se dresse aux hauteurs parées de bulles

Corps qui s'élève et se brise

Se réunis dans sa chute

et s'envolent

de cette élan qui prend par en dessous

qui soulève le fond

le fond qui fait se mouvoir la surface

qui se désole en son replis

qui court et se divise sur le sable

qui s'écoule en se résorbant

poisson des mouvements de bulles scintillantes

esprit des vagues qui montre son éclat

corps qui s'élève et jaillit

et Qui retombe en corps du chemin

Corps sans jambes qui tient les vagues parallèles

aux lignes des vagues aux bulles qui se scindent

l'élan d'un corps qui s'élance

et se divise sur le sable

lumière de son éclat

de ses bulles qui retombent

esprit et âme des ondes

mère du cercle

Qui attire ses hauteurs

se réunis en chemin sous le rocher
du crabe

un poisson qui vole

vient grossir les eaux

les écumes des vagues

qui se tordent éclatent dans leur
force

dont les bulles parent les prolonga-
tions

force qui attire se tord et se pare de
bulles

qui se tord

corps qui se tord en ecume de vagues

qui se tord et se réunis en chemin

qui se tord et appelle

l'escargot de mer

aux courbes mouvements

aux bras mouvements

qui se montre et jaillit

dans les lignes des vagues

aux trainées d'écumes

corps dont la torsion appelle

la larme de son éclat

corps dont la torsion attire

la larme de son éclat

dans la trainée des vagues

aux chemins qui se rejoignent
et s'entremêlent

des fruits de l'arbre de la mère

dont la tête se courbe

plonge et retrouve son unité

réunion du corps de ses éclats

Corps qui danse sur ses jambes

et ouvre les bras dans sa course

Le Homard

oiseau au corps à deux pinces

pour pêcher le poisson

aux deux pinces pour pêcher

le poisson

oiseau dont on perçoit les éclats
dans la course des vagues

dans la lumière des torsions de ses
plongeons

aux mouvements qui attire les écumes des vagues

qui remonte et projette

les deux centres du soleil

corps qui court et porte son éclat

corps qui volette et porte le soleil

qui monte

descend et se fond dans les vagues

puis passe derrière

dont le bec plonge

vertical

dans le roulis des vagues

dont le mouvement attire

le corps unis de ses éclats

corps qui fend comme un poisson

les écumes des vagues

et les lignes des ramifications de la
plage

pointue, pointue,

poissons qui s'entremèlent

dans ses résorbtions

corps de la symétrie

de l'esprit de ses chemins

courbes qui se dresse

et s'élève en éclats

esprit de ses chemins

Lumière

des vagues qui pare la surface de
ses torsions

Lumière des chemins qui attirent

le courbe

brisure du rectiligne

droiture qui attire la lumière de
ses torsions

deux courbes se rejoignent

projettent

envoie et se brise

De la courbe des vagues

De l'eclat qu'il eleve

Qui se brise sur L'Un

De la tenue de la courbe

Des deux courbures qui se courbent

Dieu

Qui t'enseigne

Vol de sa courbe

tenue du poisson qui plonge

tenue du poisson qui plonge

Corps de la noblesse des vagues

De sa courbe et de son plongeon

squelette de la géométrie courbe de
sa course

qui détient sa courbure

son plongeon sa remontée et sa division

sac et projection du corps des chemins de l'eau

qui s'efforce de remonter

vertical

dans les chemins des écumes des
vagues

oiseau qui se dresse courbe

dont la géométrie se tord

dans les vagues évanescentes

qui s'envolent et replonge

l'une devant l'autre, courbée

Dans ses chemins de rencontre

Courbes qui enfantent

Main corps tête et bras

Dans la réunion de ses courbures

aux lignes qui enseignent

dont les hauteurs retombent

fusionnent et viennent grossir les
eaux

Lumière de la tenue de sa courbure

Lumière de la tenue de ses chemins

de ce corps qui ruisselle sur la plage

tenue de sa chute

tenue de ses pointes

sa force

celle qui tient les vagues

corps de son esprit

de la rupture de l'un

corps de se divise en deux

et s'attrape en trois

corps dont les chemins dansent et s'envolent

aux myriade de bulles sur ses ruptures

De la tenue de son unité

esprit d'un rayon de lumière

à la rencontre des chemins

qui coulent et se tord

s'élance, attire, et ruisselle sur la plage

dont les mouvements appellent

élévation et tombée

dont les mouvement délient les crêtes

dont les chemins offrent

la force des deux courbes

dont les mouvement crée les lignes

et se résorbent en sa chute

esprit de la jonction

qui s'abandonne en retombant

vertical

en mouvement divisés

poussant ses divisions

Appel du Puissant

l'Un, VerticaL

qui garde son unité dans la chute et
l'attirance

Dans la crête qui se dresse et

dans les perles de la mer

Appel du Roi Qui Garde L'Unité

Dans La Goutte Qui Retombe et Attire

Des perles de bulles entre ses vagues

Son exhortation à nous lever

Semblent les larmes des océans

Les pleurs de Son Corps

de la force qui tient les bulles

de l'unité du corps de sa chute

de l'union de ses bulles

victoire de son union

d'ou tout jaillit

appel de l'union de ses bulles

à la force majestueuse

larmes des eaux

appel du roi

envol de l'oiseau

qui plonge

dans les chemins

des crêtes des vagues

aux larmes de bulles

corps qui présente en sa main

tend et s'élance, s'envol

dans les lignes des vagues

qui s'élance et s'envole

se brise, s'élance

se réunis

comme ses bulles se scindent

corps grossissant des eaux

qui s'envole

aux bulles qui se scindent

se courbant, se prolongeant

se projetant vertical

esprit de sa main

 la réunion de sa course

de bulles sur sa robe

De L'éclat De La Course

De La Beauté

De l'oiseau qui se donne

de la Beauté

du geste qui se tend et plonge

de la beauté

en son ventre la Colère

Tiens l'oeuf de la Beauté

Qui se Donne

De LA Beauté

de l'oiseau qui se courbe

Du geste de son vol

De La Beauté

Majesté Tenue De Son vol

De La Beauté

De L'oiseau qui vole

Brisant ses courbes

et Qui se Donne

Qui Soulève Son Aile

Dans L'éclat Du rivage

Là ou La Beauté L'appelle

C'est Dieu qui l'appelle

Qui lui dit de venir

Depuis les perles de la mer

De La Beauté

de l'éclat qui replonge

Se Redresse et se Courbe

Dans son ventre la Colère

Tiens L'oeuf De La Beauté

Des Courbes Qui Plongent

Se Brise et s'allonge

Qui se Donne

Dans la Tenue de sa Courbe

Du jeté des mouvement

De ce que dit le chemin

Dans son vol

et dans ses résorptions

Réunion qui te parle

Un

Dont les chemins s'abandonnent

De Ses courbures qu'il élève

Ses éclats

Que réunissent les vagues

Courbes,

Chemins des courbures qu'elle élève
et de ses divisions

Elevation, Un

Qui se jette en son Eclat

Qui dresse sa courbe

De sa force quand elle élève ses courbures

La Puissance de son Dire

Le Cercle de Sa bouche,

Sa Division

Son élévation, Un

Qui se jette en son éclat

De comment il se Dresse

Se courbe

De la course de ses courbes

De son unité dans son élévation

l'indivisibilité de l'Un

corps qui avance tenant ses courbures

semonce de sa colère

quand il se jette attire

semonce de la colère

du corps qui tient les courbures

des lignes des vagues

Un

semonce de sa colère

qui élève en sa course

la chute des larmes de mon corps

vagues sur la mer

Emanation de L'un

Renversement double

De ses éclats sur la plage

Du poisson seigneur de la plage

aux écumes qui s'envolent

et trainent

dans la symétrie du don

de la mère aux formes rondes

et du père, qui tient les formes

qui se jette en sa course

Courbe

qui se divise sur le sable

Qui s'élève contre son flanc

Et Chute en sa Courbe

Courbe

Qui Se Dresse

Courbe

Qui se Dresse en sa Force

Courbe

Qui se Déforme en l'Un

Esprit De Ses Torsions Qui Retombent

Courbe

Multiplicité de L'Un

Courbe,Divisions qui se Tordent

Courbe, Des Bulles De Ses Courbures

Courbe

Maitre des Trois Domaines

Courbe, L'oiseau Roi

En Sa Courbe Divisée

Geste qui Prolonge la Lumière

Des Lignes des Vagues

du Père qui tiens les formes

les jonctions des chemins de bulles

qui rejoignent leur mère

des vagues aux courbures attirantes

Tenue de la courbure
et de l'élévation

Dire De Esprit Des Vagues

Courbes de L'Un

Flamboiements, De L'Un

Qui se divise sur la plage

Qui tient les deux courbure

Et se montre en sa Course

Aux Eclats Des Trois Perles

Aux Eclats De la Lune

Sur Le Bateau

Naviguant Sur Les Courbes

Pour aller Pécher

Sous La Lune

Un Le Homard Un

Corps Qui réunis Ses Courbures

Dans L'éclat Des Vagues qui se Jettent

Tenue De La Courbure

De L'Un en Ses Courbes

Corps Dépourvu de Jambe

Ronde Mère de Toute Chose

Aux Appels Des Vagues

Aux Exortations de L'Eau

Aux Pleurs Des Océans

Tu Pèche et Puis Tu Prend

Ce que T'enseigne Le Père

Des Vagues Qui Dansent

Des Divisions sur Le Sable

De L'Unique Qui se Dresse

Des Vagues Qui Dansent

Le Homard

De L'Union Des Trois Perles

Des Vagues Qui Dansent

Du Corps Qui Rugis

Face à Face au Soleil

Des Courbes sur La Plage

Corps Qui Danse

Ou Meurt Le Poisson

Souverain De La Mère

Esprit De Son Salut

Sourire Du Bateau

Sous La Lumière

Sublime En Sa Hauteur

Sur Les Vagues Qui Dansent

Avec Le Vol De L'oiseau

Meurtre sur La Mère

Salut De L'oiseau

De L'Indivisible Un

Qui Se Tient Victorieux

CHAPITRE 11

Annotations

des explications des variations du au méthode intuitives, a la recherche de l'exact, de la leur véracité relative, *comme absolue*

chemin, de la compréhension de celui qui cherche et du signe qui se recherchent et tournent dans leur danses, d'union

<u>Note sur la ponctuation les titres, et les sens de lecture:</u>

Dans le chapitre du homard, l'un, est utilisé en ponctuation et ne commence pas par le bout gauche

la nécessité de manger n'importe quoi, non plus.

cependant un peu plus c'est un vrai mot au sein des mots, aussi nommé,

vertical

il y a la valeur des lettres et il y a ce que dise les lettres,

quand elle bouge quand on laisse défiler le temps.

ce que dit, le batôn du père.
par exemple

second sceau de toute écriture sens secret de l'auteur au lecteur, irrevélé au vulgaire, second sceau du lecteur

et ben tiens si y a pas

ce que disent les lettres

Apres mur analyse ma conclusion est que c'est simplement

un bon concert de hard rock

je ferai une finalisation en ces mots

comme j'ai pu le faire lors de la correction

pour l'instant je publie ainsi notre second exemplaire dédié a aruku kurenga

CHAPITRE 12

Signes

Appendice - Glossaire

(Corps dont le geste est un
rayon de lumière)
Chemin d'un rayon de lumière.
Mouvement d'un rayon de lu-
mière
Corps du chemin de la lumière
Corps dont le mouvement est un
rayon de lumière
Force d'un rayon de lumières....

Assistants Et Redistribution Des Bénéfices

Je réalise cette traduction assisté
scientifiquement et médicalement
par des lapins

- Redistribution des bénéfices -

40 % des bénéfices de ce livre
seront redistribués aux Pascuans
40% aux lapins
20% à moi

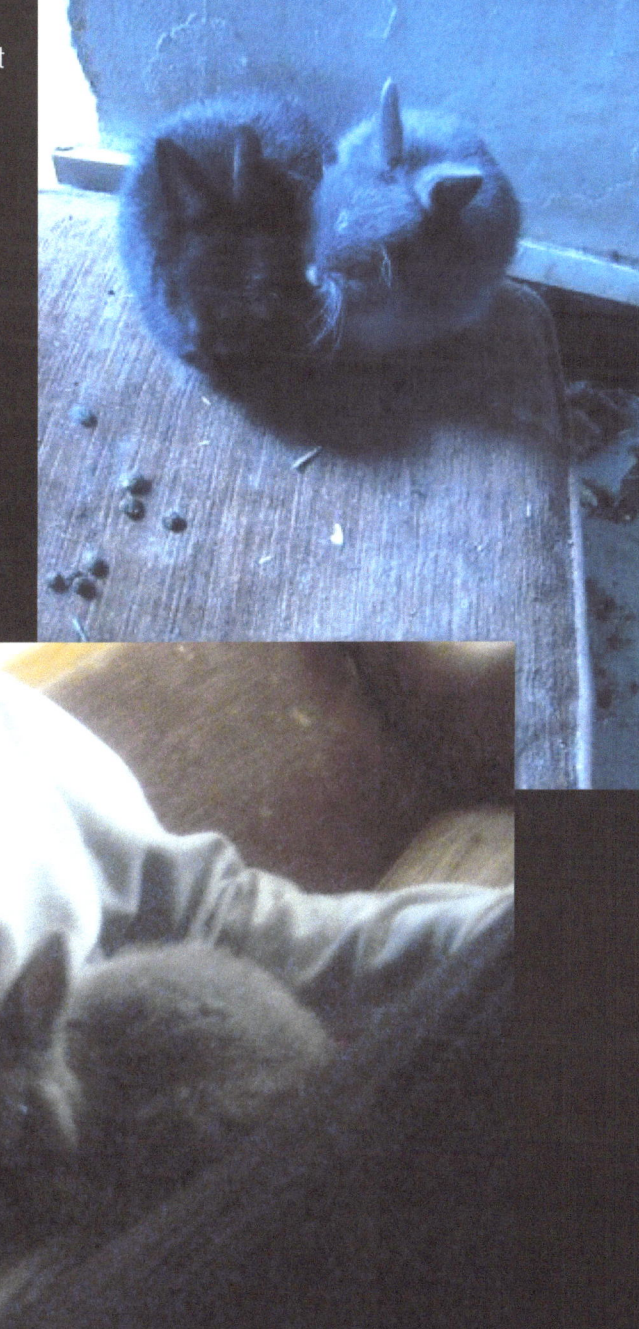

Redistribution Aux Pascuans

40 % des bénéfices de ce livre seront redistribués aux Pascuans.

On cherchera des Pascuans pauvres pour leur donner en cash,

Ou leur assurer un apport régulier.

Des travaux ou des financements qui promouvoient leur survie, leur établissement ou celle de leur culture,

de ce qui peut, en général, les aider.

Leur rendre le fruit de l'arbre, que ce travail révèle.

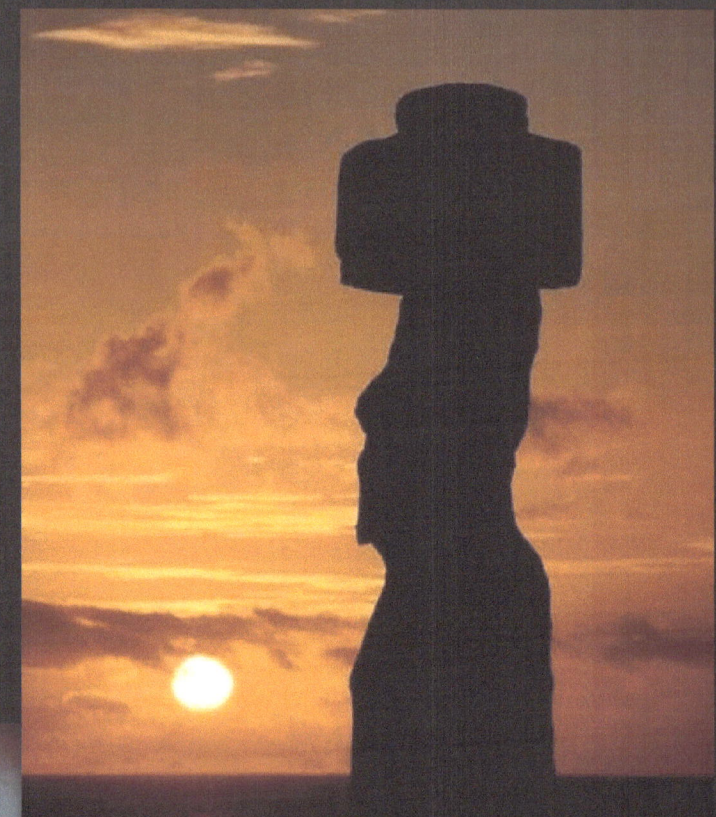

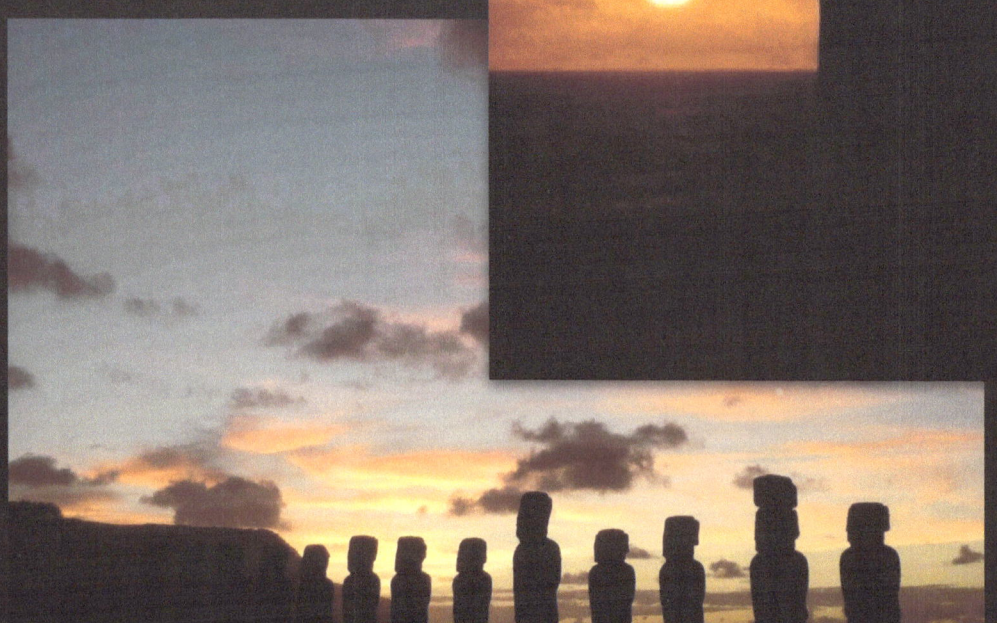